2022

QICHE HUANBAO CHUANGXIN YINLING JIHUA

PINGGU BAOGAO

汽车环保创新引领计划评估报告 2022

王运静　吉　喆　窦广玉　郝春晓 / 编著

QICHE HUANBAO CHUANGXIN YINLING JIHUA PINGGU BAOGAO

中国环境出版集团 · 北京

图书在版编目（CIP）数据

汽车环保创新引领计划评估报告. 2022 / 王运静等编著. -- 北京 : 中国环境出版集团，2022.9
ISBN 978-7-5111-5296-1

Ⅰ. ①汽… Ⅱ. ①王… Ⅲ. ①汽车－环境保护－评估－研究报告－中国－2022 Ⅳ. ①X734.2

中国版本图书馆CIP数据核字(2022)第159386号

出 版 人 武德凯
责任编辑 丁莞歆
责任校对 薄军霞
装帧设计 金 山

出版发行 中国环境出版集团
（100062 北京市东城区广渠门内大街16号）
网 址：http://www.cesp.com.cn
电子邮箱：bjgl@cesp.com.cn
联系电话：010-67112765（编辑管理部）
010-67147349（第四分社）
发行热线：010-67125803，010-67113405（传真）
印装质量热线：010-67113404
印刷 北京中科印刷有限公司
经销 各地新华书店
版次 2022年9月第1版
印次 2022年9月第1次印刷
开本 880×1230 1/32
印张 2.5
字数 50千字
定价 26.00元

编著委员会

主　编： 徐　光　丁　焰

副主编： 王振刚　王军方

编　委： 王运静　李承峰　吉　喆　吴　玲

窦广玉　郝春晓　刘志良　屈小梭

专家寄语

教授

清华大学汽车发展研究中心主任

李显君

国内外汽车企业现有的公益项目主要关注扶贫、儿童关爱、交通安全、植树造林等领域，几乎不涉及汽车环保科技。然而，中华环境保护基金会与一汽–大众联合发起的汽车环保创新引领计划紧密聚焦汽车环保科技，特别是在解决汽车环境污染、新能源汽车绿色发展、动力电池回收等方面建立了独特的战略定位，吸引了国内顶尖大学及汽车科研机构积极参与项目研究。首届汽车环保创新引领计划取得了可喜的研究成果，解决了汽车环保领域的一些关键问题。衷心希望汽车环保创新引领计划可以成为引导全社会对汽车环保科技及产业投入的“种子基金”和“引领基金”，成为中国公益环保领域独特而卓越的品牌，推进我国汽车环保科技水平的发展，为建立环境友好、公众健康的汽车社会及建设生态文明做出贡献。

副研究员

清华大学碳中和研究院零碳交通研究中心主任，

中国电动汽车百人会副秘书长

王贺武

第一届汽车环保创新引领计划以道路车辆的减碳降污为目标，不仅设置了车辆使用过程的相关研究课题，还延伸到了燃料、能源生产和电池回收阶段，涵盖了与汽车相关的能源、交通与工业生产等多个方面，评价了多领域协同实现节能减排的效果。该项目取得的丰硕成果对促进汽车节能与新能源汽车推广、电池回收提前布局、商业推广模式探索、汽车尾气污染控制具有十分重要的指导意义和方向性指引作用。

专家寄语

教授

北京理工大学机械与车辆工程学院

机动车排放室主任

葛蕴珊

在国家碳达峰、碳中和战略背景下，我国汽车节能、减排行业正在经历巨大的技术变革，排放法规约束下的低碳化、智能化是汽车行业的重要发展方向。一汽-大众与中华环境保护基金会共同发起的汽车环保创新引领计划旨在进一步推动我国汽车环保行业的技术进步，资助相关领域的创新研究。第一届项目在“汽车全生命周期环境评价”“退役动力电池回收利用”“区域交通能耗与排放”等主要领域资助了多项课题，研究范围覆盖了节能与新能源汽车、电池回收技术、商业推广模式、汽车尾气污染与扩散等多个当前汽车行业、环保行业关注的前沿热点课题。第一届项目研究已经取得了丰硕的成果，对相关行业的影响不断扩大，为我国汽车环保行业的技术进步、人才培养等做出了贡献。衷心希望汽车环保创新引领计划能够持续支持我国汽车节能、减排行业的技术创新和技术进步，并不断创新项目管理模式，持续促进我国汽车环保行业的技术进步。

教授
北京交通大学环境学院党委书记

宋国华

“双碳”背景下的交通能源转型将催生与重构交通能源设施设备的融合发展技术和模式。当前，交通和汽车行业的发展面临着重大的机遇和挑战。希望一汽-大众与中华环境保护基金会的汽车环保创新引领计划能够持续引领低碳交通的科技发展。

专家寄语

研究员

中国科学院城市环境研究所

单文坡

随着我国汽车保有量的持续增长，其带来的环境问题日益突出。同时，在“双碳”背景下，绿色低碳转型也为汽车行业带来诸多新的挑战和机遇。作为汽车行业首个聚焦汽车环保科技的创新性项目，由一汽-大众与中华环境保护基金会共同发起的汽车环保创新引领计划对推动我国汽车环保领域的技术创新具有重要意义。该项目整合了国内多家优势研究单位，共同开展产学研合作研究。除关注传统汽车尾气排放与控制外，还重点支持了全生命周期评估、汽车动力电池、新能源汽车匹配技术、大数据应用等多领域的研究工作；除支持技术创新外，还关注了政策建议与商业模式，为新技术的推广应用提供了保障。项目整体上取得了丰硕的研究成果，并产生了很好的社会影响力。第一届项目已经圆满结题，希望所产出的成果能够持续转化和落地；同时，也希望后续项目能够更为系统、全面地为我国汽车行业的绿色低碳转型提供解决方案，发挥其在汽车环保领域的科技创新引领作用。

高级工程师
北京交通发展研究院移动源领域负责人

何巍楠

随着“双碳”目标的提出，绿色低碳转型已成为我国汽车产业未来发展的趋势，汽车产业也已经加速进入了“低碳化、信息化、智能化”的新时代，在这不可逆的潮流之下，需要政府、企业、行业组织共同努力，加速绿色低碳发展，推进重点领域的绿色升级。一汽-大众与中华环境保护基金会共同发起的汽车环保创新引领计划体现了社会责任心与行业引领者的责任感。这一创新计划为我国汽车环保行业的发展注入了新动力，也为后续带动相关行业、企业积极向汽车低碳转型起到了示范效应。第一届汽车环保创新引领计划涵盖了节能与新能源汽车、电池回收技术、商业推广模式、汽车尾气污染与扩散等课题，课题类型覆盖全面，为后续汽车产业的绿色发展提供了重要的技术支持和宝贵的成果贡献。祝汽车环保创新引领计划能够越办越好，持续推动汽车环保行业的发展和进步！低碳环保，造福于民！

专 家 寄 语

总工程师

生态环境部固体废物与化学品管理技术中心

韦洪莲

一汽–大众与中华环境保护基金会的汽车环保创新引领计划从传统燃油车和新兴电动车两方面设置相关课题，从全生命周期的角度进行环境影响的比较分析，取得的研究成果对厘清社会上的一些错误认识、进一步坚定新能源汽车产业发展方向具有十分重要的引导意义。此外，该项目通过对比借鉴国内废铅蓄电池和废弃电器电子产品的回收体系建设经验，进行了退役动力电池回收商业模式的探索研究，提出了具有实际可操作性的政策建议，对加快解决废弃锂动力电池环境污染风险问题、有效保障新能源汽车产业持续健康稳步发展具有十分重要的指导意义和参考价值。希望汽车环保创新引领计划越办越好，取得更多成果。

总工程师
北京市机动车排放管理事务中心

刘　宪

减污降碳是国内外机动车技术发展永恒的课题。面对新形势、新任务、新要求，一汽–大众和中华环境保护基金会共同筹划了汽车环保创新引领计划，汇集国内相关领域顶尖精英，对汽车减污降碳相关领域前沿技术的难点、关键点，公众和管理部门关注的疑点、热点、重点开展研究。该计划实施中对各研究项目的目标进行了精心筹划，通过实施团队的潜心研究取得了丰硕的技术成果。这些成果的应用彰显出引领汽车技术科学发展理念不仅会大大推进传统燃油车在全生命周期节能减排上的技术进步，同时也将是促进新能源汽车全产业链健康快速发展的引擎，必将给我国汽车产业带来革命性进步。希望一汽–大众和中华环境保护基金会持续推进该创新引领计划，发挥技术前沿优势，系统解决汽车行业及管理部门的重大需求问题，为汽车产业的绿色发展发挥重要作用。祝汽车环保创新引领计划越办越好！

专家寄语

主任
中国汽车工业协会行业发展部

张隽祎

当前，绿色低碳发展已成为全人类共同应对气候变化的共识，发展新能源汽车是实现交通领域减污降碳的重要途径，对改善区域空气质量和气候环境具有重要作用。随着我国能源结构不断向绿色低碳发展，新能源汽车生命周期的碳排放水平优势将越来越明显，对推进生态文明建设和满足人民日益增长的美好生活需要具有十分重要的意义。一汽-大众汽车有限公司经过30年的发展，始终是国内乘用车合资企业的标杆。近年来，一汽-大众以坚定的决心和快速的行动在电动化方面取得突破性进展，为行业高质量转型发展提供了可借鉴的经验。同时，为进一步推动汽车全生命周期低碳环保的创新发展，一汽-大众和全国性公益环保专业机构中华环境保护基金会共同发起汽车环保创新引领计划，通过专项资金资助汽车全生命周期环境评价、退役电池回收利用、区域交通能耗与排放等主要领域的14个项目，调动各方科研力量形成研究成果，并开展了一系列行业活动和公益宣传，取得了良好成效。该项目已成为汽车行业低碳环保领域社会责任公益活动的典范，希望越办越好。

处长
中国环境科学研究院科学技术处

丁　焰

我国汽车行业发展迅速，汽车产业正从传统内燃机为主向电动化全面转型，“双碳”目标和美丽中国建设目标的提出对新形势下汽车行业的发展提出了新的要求。此时，一汽–大众与中华环境保护基金会共同发起的汽车环保创新引领计划应运而生。第一届汽车环保创新引领计划资助了汽车全生命周期环境评价、退役电池回收利用、区域交通能耗与排放 3 个领域 14 个课题，在技术研发和应用、政策建议、商业模式创新、促进产业绿色低碳发展、传播和社会影响等方面均取得了丰硕的成果，为我国汽车环保行业的发展注入了新动力。衷心希望汽车环保创新引领计划能持续影响并引导社会各界对汽车环保科技的研究与探索，解决关键问题，共同推进我国汽车环保科技水平的发展，为建立环境友好、公众健康的汽车社会及建设生态文明做出贡献。

前　言

PREFACE

近年来，随着国家“双碳”目标和美丽中国建设号召的提出，汽车行业加速变革，汽车排放法规政策不断完善，排放标准不断升级，从传统内燃机向电动化全面转型的步伐大大加快，汽车行业环保科技“低碳化、信息化、智能化”的发展趋势进一步强化，汽车市场已进入新旧动能转换和结构效益调整的关键期。

在这个百年未有的变革时代，一汽-大众汽车有限公司（以下简称一汽-大众）、中华环境保护基金会联合清华大学将绿色环保与科技创新有机结合，创造性地开展了汽车环保创新引领计划，通过评选、资助汽车环保科技领域的关键项目，影响并引导社会各界对汽车环保科技的持续投入和研究，助力突破核心技术“瓶颈”，共同推进我国汽车环保科技水平的发展，为建立环境友好、公众健康的汽车社会及建设生态文明做出贡献。同时，该项目希望通过不断支持汽车环保前沿技术创新，

>>>>>

成为引导中国汽车环保关键基础研究与核心技术突破的“种子基金”，为汽车行业未来的可持续发展提供源源不断的智力支持。

第一届汽车环保创新引领计划资助了“新能源汽车全生命周期评估”“退役电池回收利用”“区域交通能耗与污染排放”3个领域的14个项目，取得了丰硕的成果。本报告从“主要技术研发和应用”“主要政策建议”“主要商业模式创新”“促进产业绿色低碳发展”“传播和社会影响”5个方面对项目成果开展了综合评估，希望能让读者更好地了解一汽-大众与中华环境保护基金会共同发起的汽车环保创新引领计划，并为读者提供与汽车环保行业相关的前沿信息，真正促进汽车环保行业的发展进步。

作者

2022年6月

目 录

CONTENTS

1 项目概况

1.1 我国汽车行业发展与排放现状……02

1.2 我国汽车排放政策法规要求……04

1.3 汽车环保创新引领计划的诞生……06

1.4 第一届项目设置和主要研究内容……10

2 综合评估

2.1 总体结论……18

2.2 主要技术研发及应用……19

2.2.1 全生命周期评估技术方法……19

2.2.2 动力电池回收利用技术……23
2.2.3 基于交通流的排放模拟技术……29
2.2.4 变速器的关键匹配技术和策略……32
2.3 主要政策建议……33
2.3.1 全生命周期评估管理……33
2.3.2 动力电池回收利用管理……35
2.3.3 交通出行和城市管理……38
2.4 主要商业模式创新……39
2.4.1 动力电池“互联网＋回收”新型商业模式……39
2.4.2 动力电池“能源合同服务”梯次利用商业模式……40
2.4.3 动力电池“废料换材料”再生利用商业模式……40

2.4.4 适用于我国的动力电池回收利用商业模式……41

2.5 促进产业绿色低碳发展……44

2.5.1 推动汽车制造绿色低碳转型……44

2.5.2 加快电池行业绿色低碳发展……45

2.5.3 助力构建绿色低碳出行体系……46

2.5.4 引导人们更加关注汽车排放对健康的影响……47

2.6 传播和社会影响……48

2.6.1 科研成果及政策建议……48

2.6.2 会议交流与成果宣传……50

3 成效与建议

3.1 总体成效……56

3.2 下一步建议……58

1 项目概况

1.1 我国汽车行业发展与排放现状

我国汽车行业发展迅速，然而汽车在满足经济社会发展和人民群众物质生活需求的同时，也带来了日益突出的能源依赖和环境污染问题。2009 年，我国汽车全年产销量均突破了 1 350 万辆，中国首次成为全球第一大汽车产销国。自此以后，我国汽车产销量已连续 13 年稳居世界首位。2021 年，我国汽车产销量分别为 2 608.2 万辆和 2 627.5 万辆，全国汽车保有量已增至 3.02 亿辆。

新能源汽车是汽车行业低碳、可持续发展的必然选择。2009 年，科技部、财政部、国家发展改革委、工业和信息化部等共同启动了“十城千辆”工程，由此开启了我国新能源汽车的规模化发展阶段。“十三五”时期，我国新能源汽车的年销量从 2016 年的 50.7 万辆提高到 2020 年的 136.7 万辆，年均增长率达到了 28%，我国新能源汽车的市场渗透率正步入高增长“快车道”。截至目前，我国新能源汽车的产销量已经连续 7 年位居全球第一，中国也成为世界上新能源汽车第一大国。2021 年，我国新能源汽车的产销量双双突破 350 万辆，分别达到了 354.5 万辆和 352.1 万辆，新能源汽车保有量增至 784 万辆，约占全球新能源汽车总量的 50%。

随着汽车保有量的增加，我国交通行业的燃油消费量也不断增加，由汽车排放带来的大气污染问题日益突出。2001—2019年，我国交通行业的汽油消费量快速增加，由0.4亿吨增至1.4亿吨，年均增长7.2%；柴油消费量由2001年的0.3亿吨快速增至2014年的1.1亿吨，年均增长9.4%，2016年又增至1.2亿吨，2016—2018年基本维持在1.2亿吨左右，2019年回落至1.1亿吨。汽车行驶阶段排放的大气污染物以一氧化碳（CO）、氮氧化物（NO_x）、碳氢化合物（HC）和颗粒物（PM）为主，《中国移动源环境管理年报（2021年）》表明，汽车是移动源污染物排放的主要贡献者，其排放的CO、HC、NO_x和PM超过了移动源污染物排放总量的90%，汽车尾气已经成为空气污染的重要来源，重污染天气时其贡献率还会更高。

此外，根据我国向联合国提交的《中华人民共和国气候变化第二次两年更新报告》，2014年我国温室气体排放总量［不包括土地利用、土地利用变化和林业（land use, land use change and forestry, LULUCF）］为123.01亿吨二氧化碳当量，交通运输部门排放的温室气体是其重要组成部分，为8.2亿吨二氧化碳（CO_2）当量，占全国温室气体排放总量的6.7%。与发达国家相比，我国交通领域二氧化碳排放占比较低但增长潜力较大。

1.2 我国汽车排放政策法规要求

建立健全我国汽车排放政策法规和标准是改善大气环境质量的有效管理措施。近年来，我国汽车排放的法规和政策不断完善，排放标准也不断升级。

《中华人民共和国大气污染防治法》是汽车排放污染防治的上位法，于 1987 年首次颁布，针对机动车船提出了原则性要求：各级人民政府的环境保护、公安、交通、铁道、渔业管理部门根据各自的职责，对机动车船大气污染防治实施监督管理。在随后的三次修订中，对机动车排放管理的笔墨不断加重。1995 年首次修订时，提出了使用无铅汽油等要求；2000 年再次修订时，专门增设了“机动车船大气污染物控制”章节，提出了鼓励使用清洁能源和年检的要求；2015 年第三次修订时，增加了移动源等一系列监管措施，包括新生产机动车和非道路移动机械环保信息公开和环保召回制度、在用机动车环保定期检验和安全技术检验“两检合一”及遥感监测等，全面构建了移动源大气污染防治体系。

为了贯彻《中华人民共和国大气污染防治法》《中华人民共和国环境保护法》等法律法规，改善环境质量，促进机动车污染防治技术的进步，2017 年 12 月环境保护部发布了《机动车污染防治技术政策》，提出了机动车在设计、生产、使用、回收等全生命周期内大气、噪声、水、固体废物、电磁辐射等污染的防治策略和方法，涉及范围包括机动车、车用油品、检测设备等，推进了机动车污染防治的系统化、科学化、法治化、精细化和信息化，对汽车污染物和温室气体排放控制提出了更高的要求。

在严峻的大气污染形势之下，我国汽车尾气排放标准不断升级。自 2000 年正式实施汽车国一阶段排放标准以来，2004 年和 2008 年分别实施了国二、国三阶段排放标准，2011 年、2017 年和 2020 年分别实施了国四、国五和国六阶段排放标准。国六阶段排放标准按照因地制宜地解决我国自身问题的工作思路，除加严排放限值外，首次提出了车辆远程在线监控、高海拔排放限值、燃油蒸发新测试循环、车载排放测试、颗粒数浓度（PN）限值等创新方法。目前，我国汽车尾气污染物排放量已大幅下降，其中轻型汽车单车尾气排放的 CO 和 HC 已下降 95% 以上，重型汽车单车排放的 NO_x 已下降 75% 以上、PM 排放已下降 95% 以上。

2012 年 11 月 8 日，中国共产党第十八次全国代表大会提出，“把生态文明建设放在突出地位，融入经济建设、政治建设、文化建设、社会建设各方面和全过程，努力建设美丽中国，实现中华民族永续发展。”2020 年 10 月 29 日，《中共中央关于制定国民经济和社会发展第十四个五年规划和二〇三五年远景目标的建议》经审议通过，提出到 2035 年，“广泛形成绿色生产生活方式，碳排放达峰后稳中有降，生态环境根本好转，美丽中国建设目标基本实现。”

2020 年 9 月，习近平主席在联合国大会一般性辩论中提出，“中国将提高国家自主贡献力度，采取更加有力的政策和措施，二氧化碳排放力争于 2030 年前达到峰值，努力争取 2060 年前实现碳中和。”中国“双碳”目标和美丽中国建设目标的提出，对交通运输和汽车行业的发展提出了新的要求。当前，我国经济正从高速增长阶段转向高质量发展阶段，汽车产业正从以传统内燃机为主向电动化全面转型，汽车市场进入新旧动能转换和结构效益调整的关键期，汽车行业环保科技的“低碳化、信息化、智能化”发展趋势进一步增强。

1.3 汽车环保创新引领计划的诞生

当前，汽车产品结构已进入诸多技术并存的动力多元化时代，节能汽车技术与新能源汽车技术共同进步，汽车信息化与智能化技术融合创新，智能网联汽车产业加速发展，汽车行业正从“制造”迈向“智造”。电池、电机和电控系统（“三电”）企业，信息通信技术企业，软硬件科技企业和基础设施公司等不同周期的产业链正在快速融入汽车环保产业，基于汽车全生命周期进行环保创新的产业升级是行业推动低碳环保的重要途径。这不仅关系到车辆在使用过程中的污染物排放，更重要的是在汽车研发、生产环节中充分体现环保理念。当前的产业变革中还存在着技术和政策标准体系不够完善等问题，高能量密度动力电池及电池回收、新能源汽车全生命周期评估等技术还有待升级，“产学研”研发模式还需优化，新产品和新技术也需要孵化。在此背景下，汽车环保创新引领计划应运而生。

作为中国汽车行业的领军者与社会责任的践行者，一汽–大众始终秉承企业社会责任与产业创新发展并举的战略指引，本着“战略驱动责任、责任驱动未来”的思路，积极响应国家号召，推进智慧绿色升级，加速推动电动化战略落地，布局智能化、网联化新能源产品。依托强大的行业引领和示范力，一汽–大众成为汽车企业履行企业社会责任的典范。中华环境保护基金会是生态环境部领导下的中国第一家从事环境保护公益事业的全国性公募基金会，一直引领着国内环保公益事业的发展，拥有非常丰富的绿色环保项目开展经验。2020年，一汽–大众再次引领汽车行业社会责任发展新风向，与中华环境保护基金会共同发起了社会性公益项目——汽车环保创新引领计划。

汽车环保创新引领计划是在目前汽车产业处于“低碳化、信息化、智能化”转型期的背景下谋划的环保创新研究项目，旨在通过设立并资助汽车环保科技领域的核心前沿课题和潜力项目，影响并引导高等院校、科研院所、相关上下游企业等保持汽车环保创新动力，对汽车低碳、绿色相关技术与科学问题持续投入和研究，解决汽车环保科技领域的关键问题，培育和孵化一批能引领行业发展的新技术和人才。

汽车环保创新引领计划致力于提升全产业链的环保科技水平，搭建技术研究、科技创新与企业实践的平台，整合高等院校、科研院所和行业协会等多方资源，借助国内顶尖的科研实力与国际化的前瞻视野，为汽车行业的科技创新注入新动力，在模式、领域和内容3个方面均实现了创新。在模式上，汽车环保创新引领计划是专业公益机构牵头、“产学研”紧密结合的公益项目，借助公益组织的平台，企业的社会责任也更容易落到实处；同时，通过“产学研”合作可以充分发挥一汽-大众在技术、经验、体系等方面的优势，互相协调、共同推动汽车环保科技创新，使科技成果的转化率更高，加之有多方参与，也能更好地激发全社会的创造力。在领域上，汽车环保创新引领计划契合汽车产业技术“低碳化、信息化、智能化”的发展趋势，突破了传统汽车公益项目只关注尾气排放的局限性，进一步延伸到车内环境、车辆行驶、新能源汽车技术、汽车动力电池等多个领域，关注的是我国进入汽车社会后迫在眉睫的节能减排挑战，非常契合我国汽车产业当下的主题。在内容上，汽车环保创新引领计划积极响应“双碳”目标，聚焦汽车环保领域，研究涵盖车用材料、车用燃料和车辆运行全生命周期及车辆生产、使用、回收利用等全产业链的减污降碳，涉及国内外法规、标准、政策体系、技术研发、商业推广与评估等多方面内容，以减碳、降碳为战略方向，推动汽车行业全产业链的绿色升级和低碳发展。

第一届汽车环保创新引领计划特别设置了“新能源汽车全生命周期评估”“退役电池回收利用”“区域交通能耗与污染排放”3个领域共14个项目。前瞻性的策划与选题设置得到了高等院校及科研院所的积极响应和反馈，共收到来自19所高等院校及科研院所的35个项目专项方案。经过来自高等院校及学术机构、基金会、汽车企业、行业专家及汽车媒体评委的专业评审，其中20个项目专项方案入围终审答辩。终审答辩以“云直播”的方式举行，20个入围的专项项目主讲人参加了“云答辩”。评审专家从科研价值、成果转化前景、商业模式创新、绿色发展等多个维度对参加线上答辩的项目进行了综合评审，并提出了积极且具有前瞻性的建议。评审结果在中华环境保护基金会与一汽-大众官网上进行公示，确保了评审过程的公平公正。经过项目征集、指南发布、形式审查、专家评审和论证、公示等流程，最终来自清华大学、北京航空航天大学、生态环境部固体废物与化学品管理技术中心、中国科学院过程工程研究所等11所高等院校和科研院所的14个项目获得了本届汽车环保创新引领计划的资助。一汽-大众为首届资助项目提供了高达450万元的“种子基金”，其中1个项目获得了100万元资助，3个项目获得了50万元资助，其余10个项目获得了20万元资助。

1.4 第一届项目设置和主要研究内容

第一届汽车环保创新引领计划资助的 14 个研究项目见表 1-1。

表 1-1 第一届汽车环保创新引领计划资助内容

主要领域	项目名称	承担单位	金额 / 万元
新能源汽车全生命周期评估	新能源汽车全生命周期环境效益评价体系及比较研究	清华大学	100
	新能源汽车全生命周期环境效益评价研究	中国环境科学研究院	20
	动力电池全生命周期评价体系研究	生态环境部固体废物与化学品管理技术中心	20
	智能交通模式下传统机动车与新能源汽车的全生命周期排放评价	吉林大学	20
退役电池回收利用	汽车动力电池回收商业模式探索	生态环境部固体废物与化学品管理技术中心	50
	退役动力电池资源选择性提取关键技术研究	中国科学院过程工程研究所	50
	汽车动力电池先进回收及修复技术研究	哈尔滨工业大学	20
	汽车动力电池回收商业模式探索	中国汽车工程学会	20

续表

主要领域	项目名称	承担单位	金额/万元
	废旧动力电池中有价元素绿色高效提取技术研究	上海交通大学	20
	汽车动力电池回收标准及法规国际比较研究	中国环境科学研究院	20
区域交通能耗与污染排放	纯电动乘用车匹配两挡自动变速器节能环保性能评价研究	北京航空航天大学	50
	区域交通能耗与污染分析平台研究	交通运输部规划研究院	20
	基于交通流大数据的区域交通能耗及污染分析与全局优化平台研究	吉林大学	20
	主要公路附近汽车尾气污染分布模型研究	交通运输部规划研究院	20

1. 新能源汽车全生命周期环境效益评价体系及比较研究

主要研究内容：采集我国典型城市的大样本机动车出行和充电数据，构建面向不同车用场景的单车活动链模型和电池参数优化模型；丰富并完善我国电动车和燃料电池车的重要车用材料数据及车用阶段排放与能耗数据，建立融入不同电力结构、出行特征和充电特征的全生命周期模型；耦合生命周期投入产出和高分辨率排放清单模型，研究新能源汽车推广带来的排放部门和时空转移规律，评估新能源汽车推广对主要环境污染物浓度的削减效益；建立新能源汽车环境效益综合评价体系和标准评估方法，识别影响新能源汽车环境效益的关键因素及机制，为新能源汽车产业发展和政策制定提供关键的科学支撑。

2. 纯电动乘用车匹配两挡自动变速器节能环保性能评价研究

主要研究内容：针对搭载两挡变速器的纯电动汽车，通过理论仿真分析，开展电驱动 / 电传动系统匹配与控制方面的能耗影响机理研究，明确影响传动效率及能量损失的设计匹配与控制上的关键因素，同时通过仿真定量分析各能量损失，搭建纯电动汽车整车模型；研究纯电动汽车最优制动能量回收控制策略，分析制动能量回收对整车能耗的影响，确定再生制动工况下的换挡控制规律；基于上述整车模型，针对不同级别的采用单级减速器的纯电动汽车与搭载两挡变速器的纯电动汽车，搭建纯电动汽车能耗及效率评价仿真模型，分析对比其在不同工况下的能耗情况，并通过实车试验验证模型的准确性和有效性。

3. 汽车动力电池回收商业模式探索

主要研究内容：结合国内动力电池回收处理的现状，分析国外汽车动力电池回收商业模式的现状及经验；探索稳定的废旧汽车动力电池回收商业运营模式，以满足市场需求和资源利用价值的最大化，推动形成动力电池梯次利用的规模化市场；推动大数据、物联网等信息化技术在动力电池回收利用中的应用，建设商业化服务平台，构建第三方动力电池安全评估、残值评估与环境评估体系，突出环境风险防控主线，探索线上线下汽车动力电池残值评估和交易等新型商业模式。

4. 退役动力电池资源选择性提取关键技术研究

主要研究内容：以“碳、硫元素参与的多元竞争反应路径调控与强化机制”为核心，建立含碳、硫的废锂电池正负极混合废料体系热力学模型，揭示反应温度、气体分压和反应物活度对碳、硫的形态转化及界面反应路径的影响规律，建立碳、硫相间迁移调控强化废锂离子电池资源化的新方法，形成退役锂电材料有价组分回收关键性及环境影响评价方法，推动构建退役锂电材料循环利用技术标准，为绿色、低能耗回收废旧锂电池提供理论基础。

5. 新能源汽车全生命周期环境效益评价研究

主要研究内容：以推动行业碳达峰、碳中和为目标，构建全生命周期终点破坏类影响评价模型；对新能源汽车（电动汽车）的生产制造、使用等阶段进行生命周期评价研究，并与传统燃油汽车进行比较分析，从而评估其环境绩效；判识环境影响的关键环节和主要因素，提出新能源汽车行业发展的政策建议。

6. 区域交通能耗与污染分析平台研究

主要研究内容：基于区域交通流大数据，建立区域交通能耗与污染测算方法和分析平台，评估车辆带来的能耗与污染物问题；采用全局优化算法，建立交通拥堵后的区域内路径规划，缓解部分区域交通能耗及污染严重的问题；开展实证研究，模拟区域本地化污染排放因子，开展区域交通网络态势预测与路径规划，开展路网差异化收费的路径优化，评估差异化收费政策对区域交通能耗和排放的影响。

7. 动力电池全生命周期评价体系研究

主要研究内容： 开展动力电池全生命周期评价体系研究，识别动力电池从生产、使用、梯次利用到回收再利用各个阶段的资源消耗、能源消耗及废气排放的关键流程和主要贡献因子，选取磷酸铁锂电池和三元聚合物锂电池为研究对象，并对其进行全生命周期环境影响评价，对比分析两种电池在生产、使用、梯次利用、回收再利用环节的环境影响差异，为行业、企业提出有针对性的改进措施，为政府制定相关技术政策和标准规范提供参考建议。

8. 基于交通流大数据的区域交通能耗及污染分析与全局优化平台研究

主要研究内容： 建立“信息－物质－能量”三层式的全局优化架构，在信息层面，获取该区域路网车辆的全因素工况数据信息；在物质层面，分析不同车辆的动力系统特征（包括内燃机动力车辆、混合动力车辆和纯电动车辆等），并进行相关变量的数值处理；在能量层面，对区域车辆进行路径和速度规划，建立区域车辆的生态时空轨迹。以上述工作为基础，实现对区域内车辆的能耗与污染的分析与评估。

9. 汽车动力电池回收标准及法规国际比较研究

主要研究内容： 综述美国、德国、日本和中国现有的汽车动力电池回收标准及法规，比较分析各国汽车动力电池的回收标准及法规优劣，提出对我国汽车动力电池回收标准及法规的借鉴意义；充分考虑我国国情，优化我国现有汽车动力电池回收利用相关标准和技术规范，推动汽车废旧动力电池的无害化、规范化、高值化利用。

10. 汽车动力电池先进回收及修复技术研究

主要研究内容：以关键共性技术为突破口，提出一种低成本、简单、高效回收锂离子电池的新方法及一种一次性快速修复、活化磷酸铁锂正极材料的新技术，探究磷酸铁锂正极的失效机制；落实磷酸铁锂正极的电化学修复方案；形成工艺文件指导产业化落地；提出“材料梯次利用”的新理念，并据此构建锂离子电池全生命周期圈。

11. 主要公路附近汽车尾气污染分布模型研究

主要研究内容：选取典型城市道路为研究对象，根据交通流大数据分析研究基于交通流大数据的机动车尾气排放清单建立技术方法，核算机动车尾气排放总量及成分；采用计算流体力学方法，分析所选取路段的建筑湍流流场特点；根据流体力学仿真数据和部分道路实测数据，建立汽车尾气污染扩散模型，为公共健康研究提供数据支持。

12. 智能交通模式下传统机动车与新能源汽车的全生命周期排放评价

主要研究内容：以省会级城市为研究节点，根据现有城市交通流数据，预测未来 10 ～ 20 年在不同程度的人工智能交通系统模式下，传统机动车和新能源汽车的总数及比例；建立多种交通状态下的排放仿真模型，研究传统机动车和新能源汽车全生命周期内的能源消耗、温室气体排放和污染物排放；在单车生命周期分析的基础上，开展典型城市传统机动车和新能源汽车的总数及比例对节能减排效益的研究，为建设环境友好的汽车产业提供重要支持。

13. 汽车动力电池回收商业模式探索

主要研究内容：动力电池回收利用是新能源汽车产业可持续发展的重要保障，本研究以地方、企业动力电池回收利用调研数据为依据，从多个角度总结国内动力电池回收利用政策管理机制进展及成效，综合阐述动力电池回收利用产业现状、梯次利用及再生利用产业发展概况，提出适用于我国的动力电池回收商业模式，为开展动力电池回收利用工作提供了重要的参考依据。

14. 废旧动力电池中有价元素绿色高效提取技术研究

主要研究内容：研究探索报废锂离子电极材料中有价金属的高效提取和原位回收技术，利用负极材料做碳热还原剂，对正极材料进行还原转化；明确不同温度下混合电极粉末中电解液的污染特征；揭示混合电极粉末的碳热还原耦合反应机理，为实现锂元素与过渡金属元素［钴（Co）、锰（Mn）、镍（Ni）］的选择性分离提供了参考。

2

综合评估

2.1 总体结论

第一届汽车环保创新引领计划覆盖“新能源汽车全生命周期评估”“退役电池回收利用”“区域交通能耗与污染排放”三大领域，紧扣当前我国汽车行业能源结构转型所面临的技术“瓶颈”及其需要解决的环保监管难题，对新形势下建设生态文明，推进行业绿色高质量发展，引领相关科研院所、高等院校、企业等科技创新具有积极的推动作用。

第一届汽车环保创新引领计划开展的三大领域研究在技术研发及应用、法规政策建议、商业模式创新及促进行业绿色发展等方面起到了重要的推动作用，并在重点领域提出了可分阶段考虑的政策建议，通过项目研究单位举办学术交流和成果宣传、大学生和研究生深度参与等方式，在新生力量孵化、汽车环保创新传播、社会影响力营造等方面初见成效。

主要标志性成果如下：

一是在“新能源汽车全生命周期评估”方面，基于人体健康影响提出了新的评价视角和评价方法，建立了三阶段综合环境影响评价体系，评价范围从燃油车排放拓展到动力电池回收再利用，从新能源汽车材料阶段拓展到材料制备和报废回收阶段，并首次提出了利用致癌、生态毒性、呼吸系统影响等多项健康环境指标进行汽车全生命周期环境影响评价。

二是在“退役电池回收利用”方面，研究了主要的回收利用技术路径，并提出了动力电池回收的创新商业模式，初步建立了退役动力电池回收的商业化服务平台，以及退役锂电池有价组分回收关键性评价模型和综合利用企业的环境风险评价体系。

三是在“区域交通能耗与污染排放”方面，建立了基于路网动态排放清单的汽车尾气污染物扩散精细化模型，构建了“信息－物质－能量”三层式架构，研究提出了改善纯电动汽车两挡自动变速器的节能环保匹配技术，并进行了仿真和试验验证。

2.2 主要技术研发及应用

2.2.1 全生命周期评估技术方法

1. 三阶段混合生命周期评估技术

基于生命周期视角，采用多种模型工具及分析方法构建了差异化评价目标下新能源汽车的综合环境影响评价方法和创新性的三阶段综合环境影响评价体系，从而为各评估方提供了更有针对性、更具体、更有操作性的标准评估方案（图 2–1）。

第一阶段评价了新能源汽车生命周期关键环节的排放总量影响，

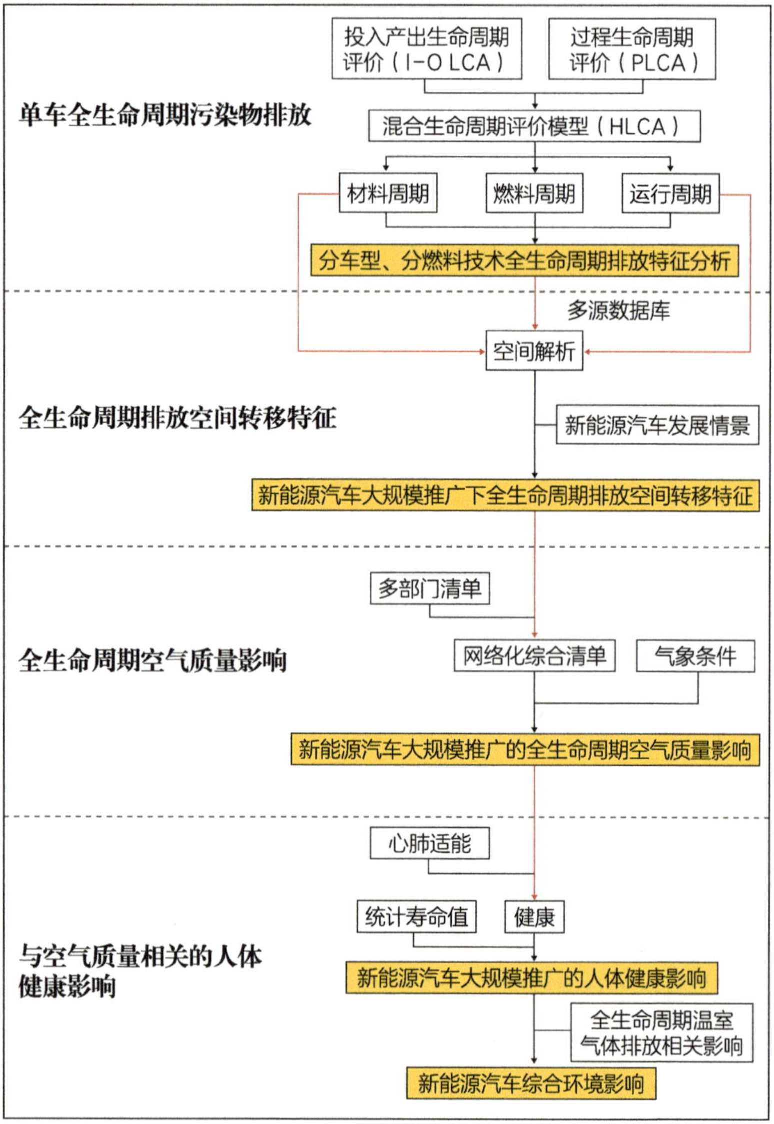

图 2-1　三阶段环境影响评估框架

将道路运行、电力生产和电池生产作为电动汽车全生命周期的重要污染贡献环节及关注重点。

第二阶段在第一阶段的基础上拓展了生命周期系统边界，应用过程生命周期模型（GREET），关注了新能源汽车全生命周期排放总量影响。例如，对于电力问题，不仅关注其生产环节，也对其上游原料生产、运输等环节的排放影响进行追溯。

第三阶段不仅关注新能源汽车生命周期排放总量变化的影响，而且关注其排放在部门及空间上的转移，以及进一步引发的空气质量和人体健康影响，最后结合与温室气体排放相关的气候变化影响对新能源汽车的综合环境影响进行了更为全面系统的刻画。

使用研究开发的三阶段新能源汽车环境综合效益评价标准方法，可以基于不同评估方的差异化数据基础及最终目标满足其评估需求，刻画新能源汽车替代传统燃油车的环境影响，为后续相关政策及规划的制定提供科学支撑。

2. 终点破坏类影响评价模型对健康环境影响的评估

通过研究建立了适用于我国的全生命周期终点破坏类影响评价模型（Chinese endpoint damage model for vehicle，CEDMV），将评价结果由污染物排放、能源消耗等单一评价指标拓展到对应多种环境影响类别（如致癌、生态毒性等），甚至延伸到对“受体”（如人体健康、生态质量、资源等）的破坏程度，并系统开展了新能源汽车生命周期评价。与此同时，对影响评价模型的资源属性参数进行了本地化研究。基于构建的 CEDMV 模型，对清单分析的数据进行生命周期评价，通过特征化、标准化和加权 3 个步骤将新能源汽车生命周期资源、能源消耗和污染物排放数据归类到不同的影响类型，再将各环境影响类别加和到对应的终点破坏类别，计算出全生命周期内环境影响在人体健康、生态系统和资源衰竭方面的影响（图

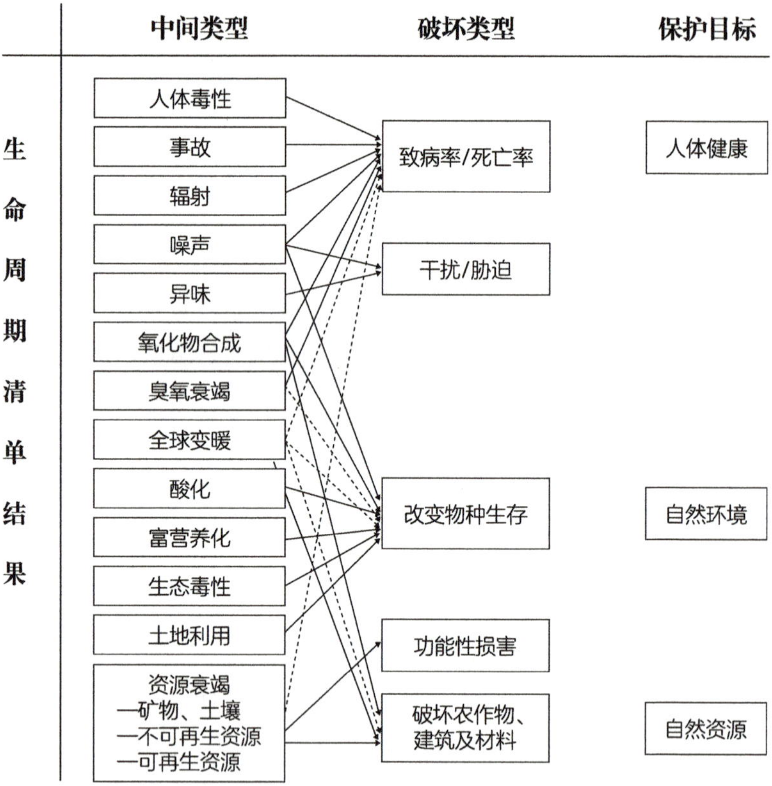

注：图中虚线表示目前的科学体系还不能完全确定二者的关系。

图 2-2　中间类型和破坏类型与保护目标的关系模型

2–2）。全生命周期终点破坏类影响评价模型有助于更好地认识我国汽车行业环境影响的重点环节及其环境管理政策的制定。

2.2.2 动力电池回收利用技术

1. 退役锂离子电池碳 / 硫协同选择性提锂技术

针对当前退役锂离子电池有价金属提取工艺选择性差、环境风险突出的“瓶颈”问题，项目提出了碳 / 硫协同选择性提锂的新思路，为绿色、低能耗回收利用退役锂电池提供了理论基础和技术路径，具有较好的产业化前景。

（1）揭示了碳、硫元素在不同物相间的迁移特性及反应路径

研究发现，由于硫和碳具有协同作用，可以在较温和的温度下选择性地从退役钴酸锂电池中提取锂。在焙烧过程中，最关键的步骤发生在 350℃，此温度下硫酸钴、碳和钴酸锂之间发生固固反应，具体可分为两个阶段。第一阶段，钴酸锂的层状结构变得不稳定并逐渐塌陷，嵌入规则八面体 CoO^{2-} 形成的两个“板”中的 Li^+ 会逐渐释放，并与 SO_4^{2-} 结合生成硫酸锂（Li_2SO_4），系统中的游离 Co^{2+} 与 CoO^{2-} 结合生成四氧化三钴（Co_3O_4）；第二阶段，由于焙烧系统中存在碳，第一阶段产生的 Co_3O_4 将立即被消耗掉。显然，通过与硫酸根结合，锂可以转化为水溶性 Li_2SO_4，并且碳的存在会持续促进 Li_2SO_4 的生成。

与传统的硫酸盐焙烧和碳热还原相结合的焙烧工艺相比，在较

温和的温度下，碳和硫的协同作用可以进一步强化锂的选择性浸出，且硫元素可以以 SO_4^{2-} 的形式彻底再循环，且无 SO_x 废气排放。项目研究为退役锂离子电池正负极材料的同步循环利用开辟了新思路，实现了退役锂电池中锂的高效选择性清洁提取和废石墨负极的循环利用。

（2）开展了退役锂电池有价组分回收关键性及环境影响评价

基于全生命周期绿色设计和综合评估的基本理念，项目建立了评价模型，对退役锂电池中有价组分的可回收性、资源利用率和环境影响进行了评价。

不同退役锂电池正极的回收关键性顺序：三元锂电池中正极组分的可利用性最高，其次是钴酸锂电池，磷酸铁锂电池的正极有价组分可利用性最低。这是由于三元电池中的镍、钴、锰等关键金属的回收价值高，而且目前三元电池回收的关键技术也较为成熟，而磷酸铁锂电池中可回收金属的价值较低。

三元电池回收过程中不同污染物的综合环境影响从大到小依次为氟化物 > 碳酸二乙酯 > 碳酸二甲酯 > 碳酸甲乙酯 > 氯化氢 > 镍 > 钴 > 锰 > 一氧化氮 > 磷酸盐 > 二氧化氮。回收过程中废气排放产生的环境影响显著大于废水排放产生的环境影响，原因是废气中的主要污染物种类多、毒性大、排放强度大且环境暴露可能性大，废水中的污染物虽种类较多，但其特有的特征属性较低，排放浓度及强度也较低。回收过程预处理阶段的污染物环境风险远大于酸浸萃取阶段，原因是废气中的主要污染物排放集中在废电池预处理阶段。

2. 废旧磷酸铁锂电池碳热还原再生技术

针对动力电池回收效率低、能耗高、工艺步骤复杂、回收周期长、环境污染严重的问题，项目开发了一种低成本、高效率、节能环保的废旧磷酸铁锂电池碳热还原再生快速修复、活化技术和工艺。采用该方法不会对环境产生二次污染，绕开了将废旧材料酸碱浸出回收的路线，用极简的工艺流程将其再生为工业级高品质粉料，有效缩短了回收工艺流程，降低了回收成本，适用于大规模工业化。

（1）动力电池的拆解及预处理

项目主要试验了两种放电方法：①盐水浸泡方法，适用于大批量、废旧电池的放电，其放电彻底；②外接电极负载方法，适用于小批量电池的快速放电。充分放电后，需在隔离操作箱中进行拆解，以防止电解液因在空气中迅速氧化和潮解而产生氟化氢。对于正极片的剥离方法，实验研究表明，采用低温热处理（400 ～ 600℃保温 1 ～ 3 小时）能够在热解黏合剂实现剥离的同时，将废旧正极磷酸铁锂材料氧化为中间产物，且有一定的除杂效果，能够有效简化后续的实验步骤。

（2）碳热还原再生工艺

对预处理后的材料进行检测，确定锂（Li）、铁（Fe）、磷（P）元素的含量比，根据计算添加一定比例碳源及锂源进行补充，在氩气 / 氢气（Ar_2/H_2）氛围下升温至一定温度（800℃以下）并保温一段时间，其后自然冷却可得到再生材料。

（3）电池的电化学修复、电化学活化及电化学性能测试

采用电化学修复和活化的方法对组装好的电池采用不同倍率的小电流进行活化重整，可以原位激活嵌脱位点，促进固体电解质界面膜（SEI 膜）的形成，有效提升电池的各项电化学性能。结果显示，再生后的磷酸铁锂材料可达到商业 A 级标准。在保证电池较高的首圈放电比容量的同时，有效提高了其循环稳定性，在长期循环（700 圈）下仍有 99.5% 以上的容量保持率。

相对于酸浸－沉淀法，该技术路线极大地简化了回收工艺且不会造成二次污染，适用于大规模工业化处理，再生流程中预处理及烧结工艺温度相对不高，工艺流程短、操作简单。此外，项目提出了一次性快速修复、活化磷酸铁锂正极材料的新技术，在中试线设计中还可将其与化成步骤合并，实现材料的梯次利用及绿色回收。动力电池碳热还原再生技术流程如图 2–3 所示。

3. 废锂离子电池中锂元素高效选择性分离技术

基于可控气氛加热环境分级去除电解液，再通过还原焙烧选择性提取锂元素的研究思路，项目开展了废旧锂离子电池电解液的污染特征研究和混合电极粉末碳热还原耦合反应机理及元素迁移研究，开发了有价组分转化、迁移规律及回收利用关键技术，实现了锂元素与过渡金属元素（钴、锰、镍）的选择性分离，为开发绿色、高效、低耗的废锂离子电池资源化技术与装备提供了理论基础，结合

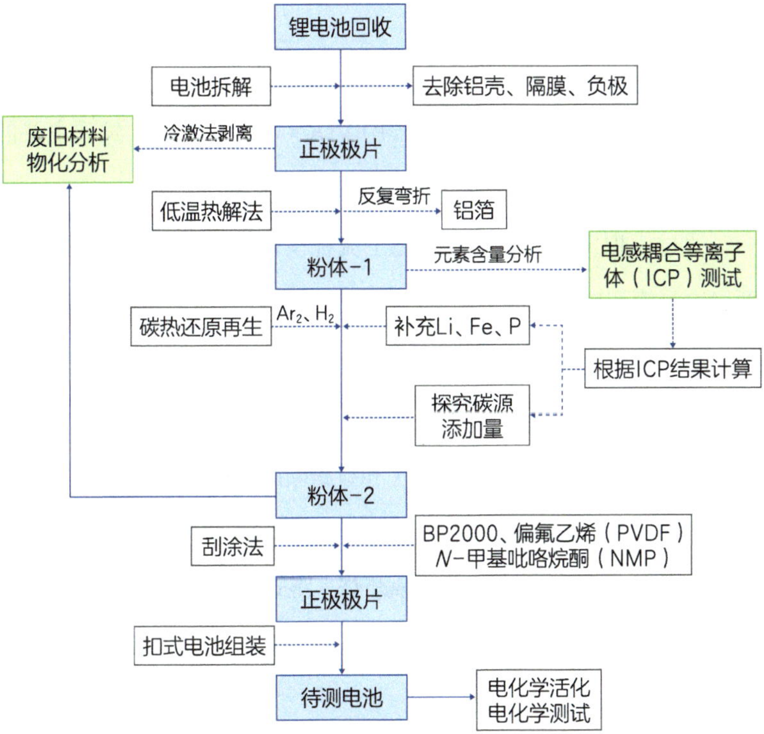

图 2-3　动力电池碳热还原再生技术流程

短流程的煅烧工艺，将具有广阔的工业应用前景。

（1）明确了废旧锂离子电池电解液的污染特征

项目建立了废旧锂离子电池溶液放电评价模型。实验发现，质量分数 10% 的氯化钠（NaCl）溶液是较为理想的放电溶液，可以相对快速、高效地放电，且上清液中总金属、磷和硫的浓度较低，下浊液中有价金属的浓度最高，从而有利于回收利用，上清液可多次循环利用。

利用自主设计的挥发性有机物（VOCs）释放与收集系统设备，分析了失效锂离子电池拆解过程中 VOCs 的释放规律，发现主要的 VOCs 成分是酯类和苯系物。

通过模拟发现，利用通用化工流程模拟软件 Aspen 构建的蒸发两段冷凝模型对电解液中高低沸点物质具有较好的分离作用。

（2）揭示了混合电极粉末的碳热还原耦合反应机理

钴酸锂（$LiCoO_2$）与石墨的混合材料在氮气气氛进行碳热还原焙烧，可得到钴、碳酸锂（Li_2CO_3）和石墨的混合物，反应方程式如下：

$$4LiCoO_2+3C=2Li_2CO_3+4Co+CO_2$$

基于实验研究结果提出了无氧焙烧－湿式磁选工艺流程（图 2–4）：电池的正极材料钴酸锂和负极材料石墨球磨混合均匀后，采用氮气

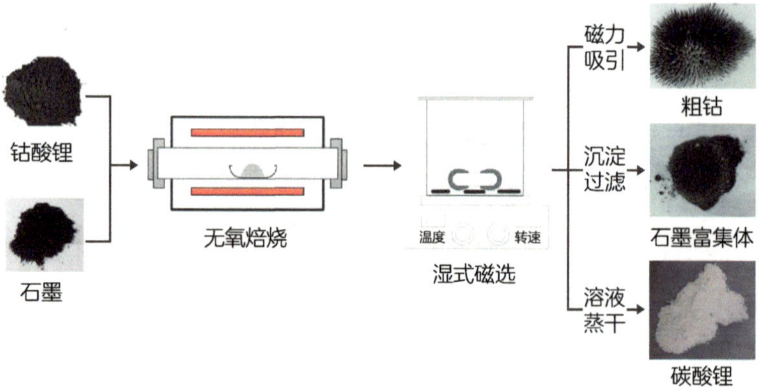

图 2–4　无氧焙烧－湿式磁选工艺流程

气氛无氧焙烧，焙烧产物经过湿式磁选获得三类产物，分别是粗钴（磁性固体）、石墨富集体（弱磁性固体）和碳酸锂（溶液蒸干析出）。

锰酸锂（$LiMn_2O_4$）与石墨的混合材料在封闭的真空条件下热解，电极材料的反应机制可分为 3 个阶段：①电极材料中的黏结剂热分解成乙烯、乙烷、乙醛和苯等还原气体；②当温度进一步增加，尖晶石的 $LiMn_2O_4$ 晶体结构由于氧缺陷发生失氧自分解，转化生成变形的 Mn_3O_4 和 $Li_2Mn_2O_4$；③当温度达到 973 K 后，反应体系中的石墨和 CO 开始发挥还原作用，使变形的 Mn_3O_4 和 $Li_2Mn_2O_4$ 转化生成 MnO 和 Li_2CO_3，当温度超过 1 173 K 后，Li_2CO_3 会融化团聚，造成后续锂元素回收效率的下降。

研究表明，混合电极粉末碳热还原技术路线可降低焙烧温度，应用于 $LiCoO_2$ 和 $LiCo_xNi_yMn_zO_2$ 等晶体结构相似的电池的资源化回收，获得 Li_2CO_3 和过渡金属氧化物等产品。

2.2.3 基于交通流的排放模拟技术

1. 基于交通流大数据的区域交通能耗与污染分析

项目通过建立“信息 – 物质 – 能量”三层式全局优化架构，并采用全局优化算法，提出了重点交通枢纽的交通区域内车辆的时空轨迹规划方法，实现了对区域内车辆的能耗与污染的分析与评估，提出了缓解交通能耗及污染排放的对策建议。项目建立的区域交通

“信息 – 物质 – 能量”三层式全局优化架构包括信息层、物质层和能量层 3 个层面：在信息层，获取该区域路网车辆的全因素工况数据信息，包括车辆参数、车速范围、路网固定属性、信号灯、坡度等，并进行数据处理；在物质层，分析不同车辆动力系统特征（包括内燃机动力车辆、混合动力车辆、纯电动车辆等）并进行相关变量的数值处理；在能量层，对区域车辆进行路径和速度规划，建立区域车辆的生态时空轨迹。能量层主要包括 3 个部分：①基于能耗最优的单车路径规划，考虑了自由流和非自由流的情况；②多车动态交通分配，结合实际路网，利用元胞传输模型进行建模及求解；③进行生态速度规划，考虑了红绿灯和坡度因素。通过三层式全局优化架构，在知道车辆信息、路径信息、速度信息的条件下，可确定单车能耗及污染物排放，并从单车信息拓展到多车信息的维度，最终对区域交通能耗与污染进行分析。“信息 – 物质 – 能量”三层式架构及应用层如图 2–5 所示。

这一研究将促进传统汽车行业与信息产业的深度融合，提出的挖掘大数据中可观的经济效益和社会效益的具体方法在未来大范围实施后，将有助于缓解能源与污染双重压力及城市交通拥堵等问题，在车辆节能驾驶提示系统、混合动力车辆能量管理系统及车辆运动轨迹规划方面有较好的现实意义与实现价值。

2. 基于大数据的汽车尾气污染扩散模拟

项目在精细化机动车排放清单的基础上，结合中尺度气象模型

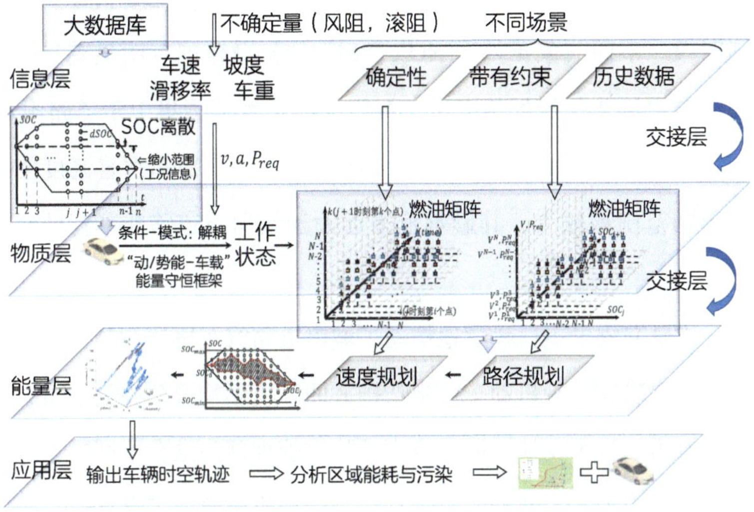

图 2-5 “信息—物质—能量”三层式架构及应用层

（WRF）、流体力学仿真模型（OpenFOAM）及部分道路实测数据，考虑道路建筑物导致的汽车尾气扩散特征的复杂性和扩散模型的适用性，建立了汽车尾气污染物扩散精细化模型，以甘肃省兰州市为例模拟了典型道路的湍流流场和汽车尾气扩散方式。湍动能的分布规律与风速分布规律具有相关性，但并不完全一致。在风速较大的区域，湍动能往往也比较大，但如果某个区域由于建筑物的扰动导致风速降低，则该区域的湍动能仍会相应增大。在行人高度处，NO_x、$PM_{2.5}$ 扩散主要集中在道路附近，道路中心的污染物浓度远高于其他区域的浓度，扩散浓度与风速和涡流结构相关性较大。从空间分布特征来看，高峰时段 NO_x、$PM_{2.5}$ 的扩散范围明显大于低峰时段。不同气象条件下 NO_x、$PM_{2.5}$ 的扩散范围有明显差异：在风向与道路非平行的情况下，污染物的扩散范围集中于道路附近；在风向与道路平行的情况下，NO_x、$PM_{2.5}$ 的水平和垂直高度的扩散影响范围均较大，其影响范围远大于风向与道路非平行的气象条件。

该研究成果不仅科学地推动了城市道路汽车尾气污染分布特征的精细化研究，为机动车污染物排放的环境影响及公共健康研究提供了有力的技术支撑，而且也为兰州市管理部门结合不同时段和天气条件制定动态、精准的机动车污染治理措施提供了参考，科学地支撑了机动车污染领域的精细化管理。

2.2.4　变速器的关键匹配技术和策略

项目从电驱动 / 电传动的参数匹配与协同控制角度入手，以挡位传动比、电机转矩 / 转速、关键构件转矩 / 转速等为优化目标，以齿轮组固有传动比等为约束条件，优化设计多目标两档电驱动传动系统构型和电驱动总成匹配参数。在此基础上，考虑驾驶员制动意图和车辆制动工况，准确识别再生制动换挡控制算法，基于换挡时间、平顺性、最优效率、电机响应时间等关键影响因素设计多目标扭矩协同换挡控制策略模型，实现不同工况下的最优制动能力回收策略。该研究提出的改善纯电动汽车两挡自动变速器的节能环保匹配技术和策略为纯电动乘用车性能提升提供了非常有意义的技术路线和借鉴。理论分析、建模仿真和整车试验验证结果均表明，乘用车搭载两挡自动变速器的节能环保匹配技术路线和策略成果转化前景乐观，较单级减速器可以明显提高百公里加速时间、最高车速、最大爬坡度等整车动力性，并降低整车电耗、提高续航里程，特别是对于 B 级车的性能改善更为明显。

2.3 主要政策建议

2.3.1 全生命周期评估管理

当前我国面临大气污染治理与应对气候变化双重压力，同时也是加强机动车大气污染物和温室气体协同控制的重要机遇期。全生命周期评估方法已成为国际普遍接受和认可的机动车碳足迹评价方法及全过程污染物排放的核算方法。但我国在机动车全生命周期研究上起步较晚，目前还未能将汽车全生命周期的评估方法真正应用于环境管理。项目研究从全生命周期的评估方法、标准体系建设等方面提出了如下建议。

1. 完善本地化数据库，加快建立健全汽车全生命周期排放标准体系

目前，我国关于汽车全生命周期的评估方法只有一项团体标准，该标准规定了汽车全生命周期温室气体及大气污染物评估方法的术语及评估方法框架。建议通盘考虑我国能源结构、技术水平、环境要求等因素，构建符合我国交通运输行业发展现状的汽车减碳评价体系和全生命周期环境影响评价方法，核算基于我国背景数据的影响评价指标基准值，并在后期完善影响评价方法构建的基础上，进一步将经济和社会等多方面因素纳入全生命周期评价中，以更全面的视野来评价新能源汽车未来发展的可持续性。

2. 聚焦新能源汽车，实现汽车行业低碳评价体系的标准化

发展新能源汽车是未来推动汽车行业减污降碳的必然选择，在推进过程中必须关注产品技术、运行使用、制造过程、报废处理的低碳化，以及汽车生产和上游能源生产等全周期的低碳化。目前，碳排放核算主要基于《ISO14067：2018 温室气体 – 产品碳足迹 – 量化要求及指南》，此标准属于原则性方法，行业针对性不强，因此建议以减排总体规划为导向，密切联系新能源汽车产业链上下游，实现汽车减排联动机制，构建符合我国交通运输行业发展现状的新能源汽车低碳评价体系，以选择合适的新能源汽车产业发展路径，逐步实现“双碳”目标。此外，建议借助我国产业链完善、应用数据丰富的优势，加快我国电池碳足迹方法论和立法的研究，并与欧盟积极沟通，建立合作交流机制，推动中欧电池产品碳足迹方法论的协调与互认。

3. 优化能源结构“加减”转换，助力汽车行业低碳转型

调整优化能源结构是实现“双碳”目标的重要抓手。“加”是提高新能源在交通运输领域的应用，“减”是降低能耗强度。在我国当前以煤电为主的电力结构下，新旧汽车驱动技术转变只有进一步扩大新能源汽车的市场占有率，降低能耗强度，才能有效凸显出新能源汽车在减排方面的优势。政府等相关部门应当充分利用消费升级的新机遇，有序推进新能源汽车的应用与普及，助力低碳、零碳消费体系的构建；同时，加强联合攻关，提升能量密度，降低能耗强度，为减少碳排放打开有力切口。

2.3.2 动力电池回收利用管理

动力电池回收利用活动需要法律依据和相关政策标准的支撑和指导。推动退役动力电池的回收利用、提高资源循环效率、促进循环经济发展是我国和发达国家法律法规相关内容的共性需求，动力电池生命周期管理是相关法律提出或发展的共性举措。

1. 制定适用于我国的电池条例

在《中华人民共和国固体废物污染环境防治法》已明确提出“建立车用动力电池生产者责任延伸制度”的背景下，为了强化全生命周期管理，有必要从法律层面上制定电池条例（包括动力电池以外的铅蓄电池），主要涉及无毒或低毒的电池原辅料、再生回收金属在电池原辅料中的占比、电池清洁生产技术、电池报废收集运输贮

存、废动力电池梯级利用、废动力电池材料再生、资源和能源节约、参与方责任、回收处理资金等。

电池条例的发布与实施将明确动力电池中再生材料使用的最低比例要求、履责资金及惩罚措施，有力督促动力电池回收相关方发挥各自的生产者责任，提高回收量和回收率，在循环经济实体产业发展建设与循环利用水平方面对标发达国家。

2. 制定电池回收相关强制标准

我国目前已发布动力电池回收相关国家标准 9 项、地方标准 7 项、行业标准 5 项、团体标准数十项，基本涵盖了动力电池回收和梯级利用、材料再生等主要环节与核心内容，但大部分为推荐性标准（图 2-6）。今后应制定包括动力电池原辅料中再生材料使用最低比例要求、动力电池全生命周期管理要求等在内的强制性标准，同时在现有标准成熟后进一步走向国际，参与制定相关国际标准，发挥我国在动力电池回收方面的技术优势、市场优势、科技优势。

3. 建立废动力电池回收利用产业链第三方环境评价体系

废动力电池资源化利用全产业链涵盖动力电池减量化设计与制造、动力电池拆卸、动力电池收集与储运、动力电池拆解、梯次利用与再生利用、环境保护、绿色评价等环节，目前尚无企业涵盖从回收到梯次利用、资源再生的整个产业链。项目研究建立了废动力电池回收处理产业链第三方环境评价体系，以第三方的角度对动力电池回收利用企业的环境风险情况进行了评估与预判，为企业规范

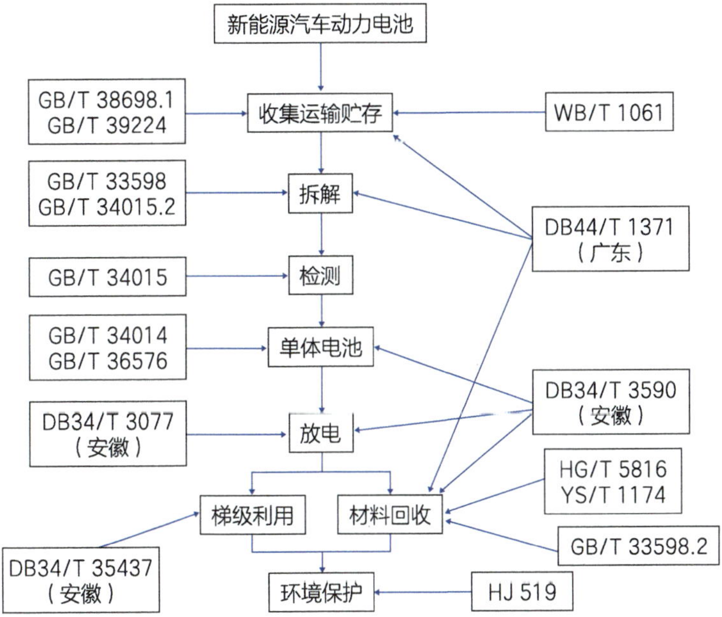

图 2-6　基于新能源汽车动力电池回收利用流程的相应标准

生产提出了建议、意见和技术支持，为相关监管部门提供了参考。

废动力电池回收利用产业链第三方环境评价体系考虑不同生产工艺的主要污染源及其环境污染途径与形式，以生产条件和环境管理情况作为基准值，以综合管理、风险源管理、生产设备检修管理和环境应急管理等作为修正值，计算出环境风险的评分结果，并将评分结果与环境风险等级进行比对，最后确定综合利用企业的环境风险等级。

2.3.3 交通出行和城市管理

1. 利用大数据手段出台差异化城市管理政策

项目研究建立了汽车、交通、能源和城市深度融合的汽车智慧出行体系和考虑出行能耗及排放的车辆出行引导系统，实现了对城市不同交通场景的路网污染物和温室气体排放的精准、动态分析。此外，在城市交通管理中融入区域车辆行驶大数据，并结合限行、信号灯智控、路网差异收费政策等对行驶在区域内的车辆进行成本、能耗、污染物排放的核算与评估，采用全局优化算法进行时空轨迹规划，在保证运力的前提下，结合导航系统形成低成本、低能耗、低排放的出行推荐路线。该方法可规范并促进新能源车辆中非电能量的合理利用，并助力城市有针对性地制定、调整差异化管理政策，实现对路网的精细化管理。

2. 出台更有利于新能源汽车发展的政策

建议各地严格落实新能源汽车“不限购、不限行”的政策，鼓励地方政府结合本地实际研究出台更有利于新能源汽车发展的政策，如出台新能源汽车非财税激励政策，加大新能源汽车停车、充电优惠措施的实施力度和范围，允许新能源汽车在节假日、非高峰时段使用公交车道，支持有条件的地区试点零排放区，建设新能源汽车专属停车场等。

2.4 主要商业模式创新

2.4.1 动力电池“互联网 + 回收”新型商业模式

基于国内外生产者责任延伸制度下的动力电池回收经验，结合电池性能评估方法，项目研究提出了动力电池“互联网 + 回收”的商业模式。

该模式有 4 个主要特征。一是建立回收网络，强化溯源管理。基于信息技术，建立动力电池数字编码制度、企业编码管理制度和回收处理信息管理系统，实施退役动力电池溯源管理，规范其流向。二是明确责任主体，开展多方合作。汽车生产企业作为回收责任主体，与电池生产企业、报废汽车回收拆解企业、综合利用企业等多方合作，共建、共享动力电池回收体系。三是优化检测方式，评估电池性能。采用“大量线上 + 少量线下”的检测方式：线上基于动力电池和车辆运行数据，通过电池多维度性能评估算法和大数据智能分析技术快速完成检测评估；线下通过检测设备获取电池数据，利用电池健康分析模型进行更加精准的评估。线上线下相结合，实现大规模、快速、低成本的检测目标。四是依托互联网平台，开展电池综合服务。搭建退役动力电池回收商业化服务平台，为退役电池买卖双方提供咨询、交易、电池性能评估等综合性服务。

项目研究还结合生态环境部正在组织开展的“无废城市”建设试点工作，提出了选取具备动力电池回收基础的重点城市开展动力电池“互联网＋回收”商业模式试点的建议，从而为其示范应用提供了可行路径。

2.4.2 动力电池“能源合同服务”梯次利用商业模式

针对退役下来但性能依旧较好的动力电池系统，项目研究提出了多种梯次利用商业模式，其中“能源合同服务”模式具有较强的创新性。在该模式下，客户公司提供免费的场地供梯次利用企业安装储能系统（如储能集装箱等），梯次利用企业无须支付场地租金，仅需对退役电池以整包级别进行储能系统的重构，利用电网峰谷电赚取差价，通过在电价处于波谷时段蓄电，在电价处于波峰时段放电，实现对电网的削峰填谷和充电站的配电容量动态扩容，同时将其中的一部分电力供应给客户公司，多余的电力售卖给电力公司等，从而实现客户公司和梯次利用企业的共赢。目前，该模式已开展了相关示范应用，后续值得进一步推广。

相较于其他模式，该商业模式通过梯次利用企业与目标客户共建储能系统的方式实现了经济性与安全性兼顾的目标。

2.4.3 动力电池“废料换材料”再生利用商业模式

针对无法梯次利用的退役动力电池，项目研究提出了多种再生利用商业模式，其中“废料换材料”模式具有较强的创新性。该模式的主要运作方式为汽车生产企业及电池生产企业将退役电池出售给再生利用企业，再生利用企业回收电池内的有价金属进行循环利用，通过湿法冶金得到再生材料，并返回等重量金属的电池原材料给汽车生产企业及电池生产企业。采用该模式可以保障合作双方的资源供应，促进原材料价格的稳定，也有利于缓解矿山开采压力，实现资源和环境效益的统一。

2.4.4 适用于我国的动力电池回收利用商业模式

基于国内外动力电池回收利用现状，项目研究以“先梯次利用后再生利用”为原则，以构建动力电池全产业链闭环为目标，提出了适用于我国的动力电池回收利用商业模式（图 2–7）。首先，对退役动力电池进行剩余价值评估，根据评估结果确定回收利用方式；其次，对于无法继续车用但可进行梯次利用的电池，研究建议由梯次利用企业采用直接出售、以租代售等方式，将退役电池分别以整包层级、模组层级、单体层级应用于储能、低速车、路灯等领域；最后，对于无法梯次利用的电池，研究建议由再生利用企业进行资源化利用，回收有价金属，并采用直接出售、“废料换材料”等方式，与电池生产企业或汽车生产企业进行交易，以实现资源循环利用。

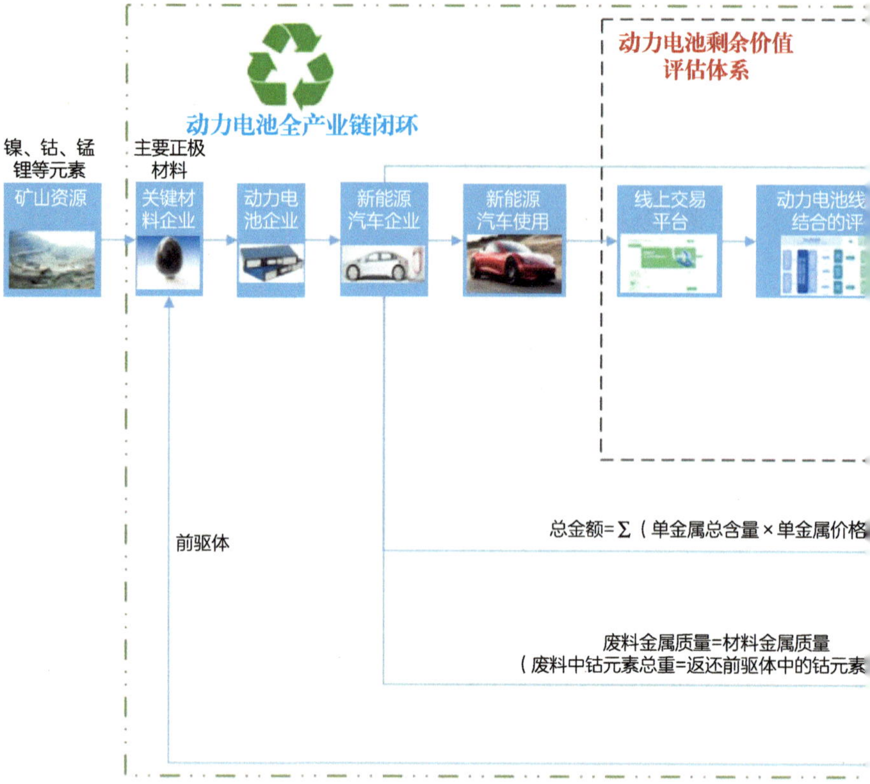

图 2-7 适用于我国的动力电池回收商业模式

推荐的动力电池回收商业模式

●梯次利用

1.整包层级梯次：经检测评估后，用于储能领域。

2.模组层级梯次：经检测评估后，若不同模组一致性较差，拆解为模组，用于低速车、二轮车、通信基站等。

3.单体层级梯次：经检测评估后，若模组间不同单体一致性较差，拆解为单体，用于充电宝、路灯等。

梯次利用的金融模式包括直接出售及以租代售（如租赁外卖车电池等）。

●再生利用

1.直接出售：评估电池里面的金属材料含量，按当前金属价格估算出总额，出售给再生利用企业。

2.废料换材料：评估电池里面的金属材料含量，再生利用企业返回同质量金属含量的前驱体材料。

2.5 促进产业绿色低碳发展

2.5.1 推动汽车制造绿色低碳转型

在“双碳”目标下，我国未来的汽车产业战略路径将逐步转变，低碳转型路径也逐步由传统燃油车向新能源汽车或零排放车辆转变，汽车排放评价研究已经向制造全过程转型。研究表明，虽然零排放车辆在实际运行过程中不消耗化石燃料，不带来直接排放，但其在制造过程中也存在较大的污染物和碳排放，其中上游车辆制造周期排放占比最大。

项目研究提出了针对汽车制造低碳转型的具体建议。①在管理层面，建立汽车企业碳排放管理制度，构建涵盖汽车企业碳排放核算与监测（M）、碳排放报告规则和公开机制（R）、第三方核查制度（V）全过程的体系化管理机制，逐步建立健全企业碳排放管理机制和平台。②在企业层面，加快生产制造低碳转型，提高生产制造各环节、工艺和设备的能源利用效率，各环节生产工厂加快智能化改造和能源综合管理系统建设，支持企业全面开展节能诊断。③开展汽车产品生产者责任延伸试点工作，加快建立报废汽车、废旧零部件回收网络与管理体系，推动汽车生产企业全面提高报废汽车及零部件的资源综合利用水平，鼓励和支持汽车企业建立绿色供应链管理体系。

该研究成果可为车辆生产企业管理层，车辆制造部门及零部件行业、企业提供技术支持，推动行业、企业逐步建立低碳、绿色的生产体系。

2.5.2 加快电池行业绿色低碳发展

在汽车产业绿色低碳转型过程中，一方面，随着电动汽车产业的高速发展，动力电池退役量将持续大量增加，车用动力电池的制造、使用及处置将成为社会面临的巨大挑战；另一方面，由于动力电池中含有大量的有价金属，若不能对其进行规范化处置，不仅会造成钴、镍、锰、锂等资源的极大浪费，还会严重污染环境。因此，动力电池的合理处置及利用不仅是汽车产业绿色低碳制造的重要一环，也具有保护环境的现实意义。

项目研究在梳理退役电池回收利用技术和政策的基础上，遵循“先梯次利用后再生利用”的原则，一是提出了绿色、高效、低碳的退役动力电池回收利用技术路径，相较于现有技术工艺，可降低反应温度、简化工艺流程且不易产生二次污染，可以推动电池回收再利用技术的发展进步，促进绿色低碳技术的示范和应用。二是提出了新的电池回收利用商业模式，基本打通了电池生产企业、汽车生产企业、电池回收企业、梯次利用企业、再生利用企业间的协同“瓶颈”，推动了全产业链的绿色化、低碳化发展。此外，项目还开展了退役电池中有价组分回收的关键性评价和环境风险评价。

电池回收利用的研究成果可支持开展小范围试点，为有效促进电池回收、梯次利用、再生利用等电池全产业链的市场化提供技术支撑，提高资源利用效率，减少环境风险及对环境的危害，促进电池行业绿色低碳发展。

2.5.3 助力构建绿色低碳出行体系

项目研究成果为探索智慧出行体系提供了技术支撑，支持建立汽车、交通、能源、城市深度融合生态和不同交通场景的路网污染物及温室气体排放的精准、动态分析平台。鼓励地方政府、行业组织、研究机构针对使用新能源汽车、参与车网互动、践行智能共享出行、电池梯次利用等低碳行为建立科学的碳减排量化评估标准。此外，在碳资产管理方面也进行了探索研究，支持通过国家核证自愿减排量（Chinese Certified Emission Reduction，CCER）、碳普惠等机制与国家和地方碳市场形成有效衔接。

与此同时，项目研究还鼓励行业开展自愿性碳标签制度。依据项目形成的汽车产品全生命周期碳排放评价方法，进一步加强汽车产品碳足迹评价基础数据库建设，完善第三方机构评价能力，逐步建立行业碳足迹第三方认证机制，鼓励汽车行业组织联合认证机构发布实施整车产品自愿性“碳标签”制度，为消费者选购低碳汽车产品提供参考依据，引导绿色低碳消费。

项目研究内容包括交通排放模拟和出行管理、新能源汽车评估、电动汽车节能及退役电池低碳再利用等，覆盖了微观层面的节能减排及宏观层面的城市管理，提出了延伸评价、节能匹配技术和宏观经济与产业、金融促进政策体系。项目突破了仅在微观层面研究节能减排技术的局限性，符合目前美丽中国和“双碳”目标下汽车行业能源转型与生产、生活方式即将发生重大变化的现实状况，为各方在推动交通出行方面实现绿色低碳提供了支撑。

2.5.4 引导人们更加关注汽车排放对健康的影响

“十三五”时期，我国大气环境得到了明显改善，污染防治攻坚战阶段性目标高质量完成，主要污染物实现持续下降。“十四五”期间，我国的生态环境保护将更加依法、精准、科学，逐步实现减少污染天数和降低污染程度的双重目标。实现人与自然和谐共生、关注人体健康、建设美丽中国是更加长远的目标。

项目研究一方面设置了道路附近污染物扩散特征影响评价指标，对典型城市道路的交通流、环境空气质量、排放清单数据、扩散特征进行耦合研究，分析了典型道路建筑行人高度湍流场模型和扩散特征；另一方面在汽车评价技术方面，拓展了评价范畴和视角，提出了致癌、生态毒性、呼吸系统影响等多项健康环境指标。

2.6 传播和社会影响

2.6.1 科研成果及政策建议

1. 文章、专利和获奖情况

第一届汽车环保创新引领计划共发表论文 29 篇，其中 SCI 论文 20 篇、EI 论文 3 篇、核心论文 1 篇、国际会议收录论文 5 篇；授权发明专利 10 项，软件著作权 7 项；培养博士研究生 4 人、硕士研究生 5 人。北京航空航天大学徐向阳团队获得 2021 年第七届中国国际"互联网 +"大学生创新创业大赛北京赛区一等奖、全国赛铜奖（图 2-8）。

2. 标准及政策建议产出

依托第一届汽车环保创新引领计划资助项目，研究形成了多项标准及政策建议（图 2-9）。清华大学吴烨团队关于新能源汽车全生命周期评价的成果即将发布在《汽车生命周期温室气体及大气污染物排放评价年度白皮书》中，项目形成的重要政策建议已提交至工业和信息化部、生态环境部等部委和北京市、深圳市等新能源汽车重点推广城市。中国科学院过程工程研究所孙峙团队形成并发布团体标准 2 项，即《废锂离子电池回收制黑粉》（T/ATCRR 33—2021）、《镍钴冶炼回收的铁精粉》（T/ATCRR 28—2021）。北京航

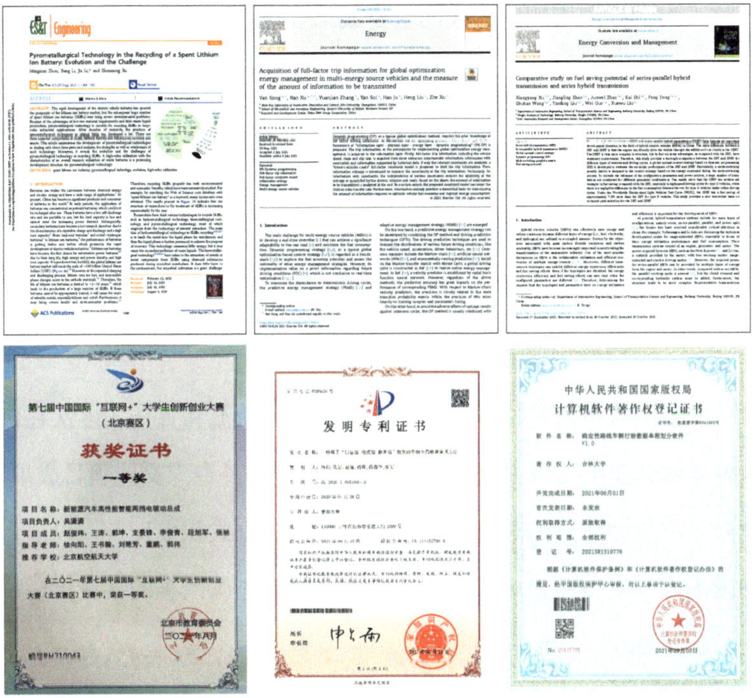

ES&T Engineering

Pyrometallurgical Technology in the Recycling of a Spent Lithium Ion Battery: Evolution and the Challenge

Energy

Acquisition of full-factor trip information for global optimization energy management in multi-energy source vehicles and the measure of the amount of information to be transmitted

Energy Conversion and Management

Comparative study on fuel saving potential of series-parallel hybrid transmission and series hybrid transmission

第七届中国国际“互联网+”大学生创新创业大赛（北京赛区）

获奖证书

一等奖

项目名称：新能源汽车高性能智能两挡电驱动总成

项目负责人：吴潇潇

项目成员：赵俊玮、王涛、郭坤、支景锋、李俊青、段旭军、张驰

指导老师：徐向阳、王书翰、刘艳芳、董鹏、郭伟

推荐学校：北京航空航天大学

在二〇二一年第七届中国国际“互联网+”大学生创新创业大赛（北京赛区）比赛中，荣获一等奖。

北京市教育委员会

二〇二一年八月

发明专利证书

中华人民共和国国家版权局

计算机软件著作权登记证书

著作权人：吉林大学

开发完成日期：2021年06月01日

首次发表日期：未发表

权利取得方式：原始取得

权利范围：全部权利

登记号：2021SR1319776

2021年09月03日

图 2-8　文章、专利和获奖等成果示例

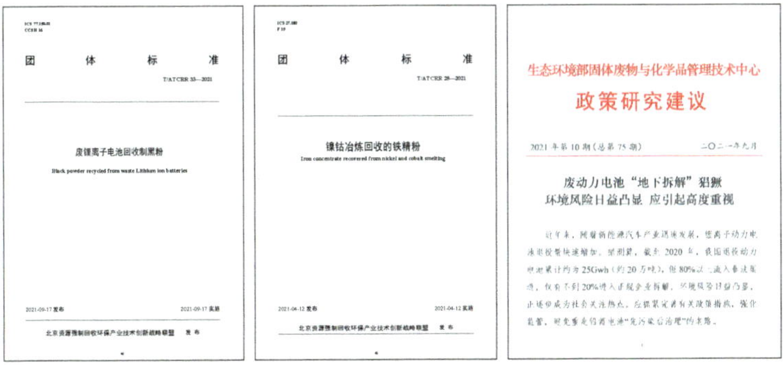

团体标准

T/ATCRR 33—2021

废锂离子电池回收制黑粉

Black powder recycled from waste Lithium ion batteries

2021-09-17 发布　2021-09-17 实施

北京资源强制回收环保产业技术创新战略联盟　发布

团体标准

T/ATCRR 28—2021

镍钴冶炼回收的铁精粉

Iron concentrate recovered from nickel and cobalt smelting

2021-04-12 发布　2021-04-12 实施

北京资源强制回收环保产业技术创新战略联盟　发布

生态环境部固体废物与化学品管理技术中心

政策研究建议

2021 年第 10 期（总第 75 期）　二〇二一年九月

废动力电池“地下拆解”猖獗
环境风险日益凸显 应引起高度重视

近年来，随着新能源汽车产业迅速发展，锂离子动力电池退役量快速增加。据测算，截至 2020 年，我国退役动力电池累计约为 25Gwh（约 20 万吨），但 80%以上流入非法渠道，仅有不到 20%进入正规企业拆解，环境风险日益凸显，正逐步成为社会关注热点。应抓紧完善有关政策措施，强化监管，研究制定废旧电池“先污染后治理”的老路。

图 2-9　标准及政策建议示例

空航天大学徐向阳团队形成的重要成果咨询报告《中国自动变速器产业发展现状及趋势》已提交至国家发展改革委专项规划处。生态环境部固体废物与化学品管理技术中心曹国庆团队形成的政策建议《废动力电池"地下拆解"猖獗 环境风险日益凸显 应引起高度重视》已提交至生态环境部，并已获得部长批示。

2.6.2 会议交流与成果宣传

项目团队在研究过程中十分注重成果的交流和宣传。多次在国内外学术会议上发表主题报告和演讲，与国内外专家交流项目成果。此外，项目团队还通过新闻媒体、公众号等方式积极发声，以通俗易懂的方式宣传项目成果，提升了公众对新能源汽车的接受度，推动了新能源汽车产业的发展。

1. 国内外会议交流

2021 年 9 月，清华大学吴烨教授在联合国环境规划署（UNEP）组织的亚太清洁伙伴关系（APCAP）大会的交通分论坛（the future of sustainable transport: electric mobility and digitalization to address air pollution）上发表了题为"新能源车的环境和健康影响评估分析"的演讲。2021 年 9 月，清华大学吴烨团队的张少君助理教授在"2021 世界新能源汽车大会"（WNEVC 2021）的中英交通领域碳中和协同发展论坛上发表了题为"中国电动汽车推广对于空气质量、健康和气候的综合效益"的演讲。2021 年 10 月，吉林大学许楠教授在

2021 中国汽车工程学会年会暨展览会（SAECCE 2021）的“双碳背景下智能电动车低能耗技术”专题分会上发表了题为“大数据背景下新能源车辆全局优化式能量管理方法研究”的演讲；当月，许楠教授又在新能源汽车国家大数据联盟 2021 年高峰论坛的“共育新人才　聚集新力量”的主题分会上发表了题为“车辆全局优化能量管理中工况信息的获取与度量”的主题演讲。2021 年 11 月，吴烨教授在由中国汽车工程学会、瑞典贸易投资委员会、中国国际科技交流中心主办的“中瑞合作实现交通化石燃料零使用论坛”上发表了题为“新能源车全生命周期评价”的演讲。相关会议现场情况见图 2–10。

图 2–10　受资助团队代表在国内外学术会议上分享研究成果

依托其他相关行业会议，项目团队还组织了与动力电池回收利用技术相关的专题讨论会。

在2020中国汽车工程学会年会暨展览会（SAECCE 2020）组织了动力电池回收利用专题分会。来自国家市场监督管理总局、新能源电池回收利用专业委员会、北京赛德美资源再利用研究院有限公司、浙江华友钴业股份有限公司、湖南大学、蜂巢能源科技有限公司和中国汽车工程研究院股份有限公司等单位的专家分享了相关技术与观点，吸引了超过150名专业人士参与。该会议达成以下观点：对于未来动力电池回收利用体系建设，需要建立动力电池全生命周期产业链所有参与方都参加的协同合作机制，共同开展科学评估体系建立、不同应用场景标准建设、典型商业模式探索及推广应用等工作。

在WNEVC 2021组织了动力电池关键技术及绿色高效产业生态构建峰会。中国工程院院士、北京理工大学教授吴锋担任会议主席，来自合肥国轩高科动力能源有限公司、江西赣锋锂业股份有限公司、格林美股份有限公司、蜂巢能源科技有限公司等单位的专家分享了相关技术和观点，吸引了超过200名专业人士参与。会上针对新格局下动力电池技术发展的思考、动力电池全产业链的生态构建、锂企业如何匹配新能源行业的高速发展、共建新能源全生命周期价值链等话题展开了研讨。

2. 相关平台宣传

项目团队通过电视、公众号等多种形式和渠道宣传研究成果，推动了新能源汽车的产业发展和技术进步（图 2–11）。

新能源汽车成为我国汽车强国建设“火车头”

汽车学会

2021年，我国新能源汽车产销首次突破300万辆，同比增长约1.5倍，市场渗透率超过12%，连续7年保持全球第一，标志着全面市场化拐点的到来。

多年来，国家层面规划引导产业发展的目标正在加速实现，历经多年培育的新能源汽车产业链逐渐成熟稳定，技术水平持续提升，产品供给日益丰富，用车环境不断优化，新能源汽车产业化市场化全面提速，已成为推动汽车产业高质量发展的新动能。

我国新能源汽车发展迈上新台阶、进入新阶段
为建设汽车强国奠定坚实基础

新能源汽车产业规模全球领先。2021年1-11月，我国新能源汽车产销量分别达到302万辆、299万辆，同比分别增长167.4%、166.8%，总体市场渗透率达到12.7%，同比增长7.8个百分点，高于全球平均水平5.5个百分点，自主品牌市场渗透率达到26.2%。截至2021年11月，我国新能源汽车累计推广量达到850万辆，全球占比超过50%。

产业链条上下游全面贯通。涵盖关键材料、动力电池、电机电控、整车及充电设施、制造装备、回收利用等的全产业链上下游实现贯通，形成结构完整、安全可控、协同高效的新能源汽车产业体系，电池、电机、电控3大核心技术基本实现自主可控，动力电池技术水平处于全球前列，驱动电机达到世界先进水平，整车电控与世界先进水平基本同步。

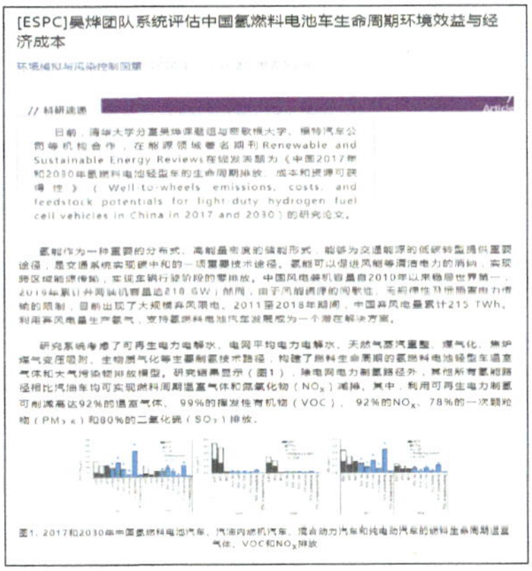

[ESPC]吴烨团队系统评估中国氢燃料电池车生命周期环境效益与经济成本

环境模拟与污染控制国重

// 科研速递

日前，清华大学分室吴烨课题组与密歇根大学、福特汽车公司等机构合作，在能源领域著名期刊Renewable and Sustainable Energy Reviews在线发表题为《中国2017年和2030年氢燃料电池轻型车的生命周期排放、成本和资源可获得性》（Well-to-wheels emissions, costs, and feedstock potentials for light-duty hydrogen fuel cell vehicles in China in 2017 and 2030）的研究论文。

氢能作为一种重要的分布式、高能量密度的储能形式，能够为交通能源的低碳转型提供重要途径，是交通系统实现碳中和的一项重要技术途径。氢能可以促进风能等清洁电力的消纳，实现跨区域能源传输，实现车辆行驶阶段的零排放。中国风电装机容量自2010年以来稳居世界第一，2019年累计并网装机容量达210 GW；然而，由于风能调度的间歇性、毛利弹性及供需匹配电力传输的限制，目前出现了大规模弃风限电。2011至2018年期间，中国弃风电量累计215 TWh，利用弃风电量生产氢气，支持氢燃料电池汽车发展成为一个潜在解决方案。

研究系统考虑了可再生电力电解水、电网平均电力电解水、天然气蒸汽重整、煤气化、焦炉煤气变压吸附、生物质气化等主要制氢技术路径，构建了燃料生命周期的氢燃料电池轻型车温室气体和大气污染物排放模型。研究结果显示（图1），除电网电力制氢路径外，其他所有氢能路径相比汽油车均可实现燃料周期温室气体和氮氧化物（NO_x）减排。其中，利用可再生电力制氢可削减高达92%的温室气体、99%的挥发性有机物（VOC）、92%的NO_x、78%的一次颗粒物（$PM_{2.5}$）和80%的二氧化硫（SO_2）排放。

图1. 2017和2030年中国氢燃料电池汽车、汽油内燃机汽车、混合动力汽车和纯电动汽车的燃料生命周期温室气体、VOC和NO_x排放

图 2–11　相关宣传平台报道摘要

3. 成果落地

依托研究成果搭建的全国新能源汽车退役动力电池评估及交易平台落户广东省佛山市。2021 年 3 月 29 日，由北理新源（佛山）信息科技有限公司及电动车辆国家工程实验室联合主办的全国新能源汽车退役动力电池评估及交易平台发布会暨“新能源汽车大数据服务与管理华南中心”正式启动运行，相关启动仪式在广东省佛山市南海区举行，吸引了超过 150 位产业链相关企业高层参与。该平台基于区块链技术，具有快速评估、信息真实可靠、梯次利用价格和

价值等值的优点，能够为新能源汽车企业提供大数据动力电池性能评估、线下实验室检测和动力电池线上交易等多项服务，有效破解了退役动力电池回收利用环节存在回收难、销售渠道受限、缺乏快速性能检测技术等行业难题。截至 2021 年 11 月，该平台已完成 49 家企业机构的调研工作，成功注册了 91 个用户，其中有 29 个用户实现了认证，发布了 19 条现货信息和 13 条求购信息。

3

成效与建议

3.1 总体成效

作为汽车行业首个聚焦汽车环保科技的创新性项目，第一届汽车环保创新引领计划完全契合目前汽车产业技术“低碳化、信息化、智能化”的发展趋势。除关注传统汽车尾气排放外，项目还进一步延伸至汽车全生命周期评估、汽车动力电池、新能源汽车匹配技术、交通流大数据应用等多个领域。

在技术研发和应用方面，创新性地构建了差异化评价目标下新能源汽车的综合环境影响评价方法和三阶段综合环境影响评价体系，基于人体健康影响和新的评价视角，应用了全生命周期终点破坏类影响评价模型，评估了对人体健康、生态系统和资源衰竭的影响；提出了退役锂离子电池碳/硫协同选择性提锂技术、碳热还原再生技术、锂元素高效选择性分离关键技术，这些技术均具有广阔的成果转化和工业应用前景；研究了基于交通流大数据的汽车排放模拟技术与城市智能管理、变速器关键匹配技术和策略，有利于交通行业减污降碳协同发展。

在商业模式探索方面，提出了动力电池“互联网＋回收”“能源合同服务”梯次利用、“废料换材料”再生利用等新型商业模式，为我国动力电池回收商业模式的发展指明了方向。

在政策建议方面，提出了涵盖车用材料、车用燃料和车辆运行全生命周期及车辆生产、使用、回收利用等全产业链的政策标准和法规建议，建议各区域研究建立基于大数据手段的城市差异化管理政策和有利于新能源汽车发展的政策。研究成果整体上推动了汽车制造业、电池行业的绿色低碳发展，推动了绿色低碳出行体系的构建，引导人们更加关注汽车相关排放对健康的影响。

此外，第一届汽车环保创新引领计划聚合了“产学研”生态圈，充分发挥了一汽-大众在技术、经验、体系等方面的优势，通过整合清华大学、上海交通大学、北京航空航天大学、吉林大学等国内知名高等院校，中国科学院、中国环境科学研究院、交通运输部规划研究院等科研机构，以及中国汽车工程学会等众多优势单位的资源开展“产学研”合作，引领汽车环保科技的基础研究和人才培养。研究过程中各团队共发表论文29篇，授权发明专利10项，软件著作权7项；培养博士研究生4人、硕士研究生5人；获得2021年第七届中国国际“互联网+”大学生创新创业大赛北京赛区一等奖、全国赛铜奖；形成并发布2项团体标准、2项政策建议，并已提交至主管部委。项目成果在多个国内外学术会议上宣讲，并在相关平台积极宣传，大大增加了项目的影响力和号召力。总体来说，汽车环保创新引领计划借助国内顶尖的科研实力与国际化的前瞻视野，为汽车环保行业的科技创新注入了新动力，为新能源汽车全生命周期评估及动力电池回收利用技术的研发和商业模式创新提供了解决方案和智力支持；同时，其科技成果转化率更高，也更好地激发了全社会的创造力。

3.2 下一步建议

第一届汽车环保创新引领计划已经圆满完成，资助的14个项目研究均取得了丰硕的成果，期待项目孵化的技术成果更多地实现转化，政策建议早日落地，培育的人才早日进入汽车环保行业发光发热，也期待后续汽车环保创新引领计划能进一步拓宽研究领域、创新项目机制，为建设美丽中国持续贡献力量。建议后续汽车环保创新引领计划进一步聚焦新能源汽车的最新科技前沿、面向“双碳”目标和环境友好、公众健康的汽车社会发展目标，设立更多与机动车降碳技术、评估方法、政策路径、健康影响相关的项目。

建议基于国内汽车产业的碳达峰、碳中和需求，充分分析国内外碳达峰、碳中和有关政策、标准及战略发展趋势，通过产业的充分调研，根据国内发展水平及实际状况，以全生命周期视角剖析中国汽车产业碳排放结构。在完备的数据体系基础上，支撑汽车产业战略目标的制定，探索中国汽车产业可行的碳达峰、碳中和技术路径。引导汽车产业加快低碳转型发展，提出中国汽车企业碳中和的系统对策和政策建议，助力我国“双碳”目标的实现。

基于公众对与汽车相关的环保和健康问题的关注，建议充分调研国内外车内环境健康监测及相关标准进展、车舱内外污染渗透影响及交通相关污染的人体暴露评估，从车内、车舱内外渗透及车外不同场景全面研究汽车相关重要类别污染物和 VOCs 组分的排放特征及影响因素，评估其对不同人群健康的暴露影响，支撑降低影响的关键材料、净化技术研发和政策建议、标准的制定，助力实现环境友好、公众健康的汽车社会。